Sitzungsberichte
der Heidelberger Akademie der Wissenschaften
Stiftung Heinrich Lanz
Mathematisch-naturwissenschaftliche Klasse
Jahrgang 1927. 11. Abhandlung.

Abbildung der hyperbolischen Ebene auf die Kugel mittels der Beziehung zwischen Lot und Parallelwinkel

Von

Ernst Roeser
in Bottrop

Vorgelegt von Herrn Liebmann
in der Sitzung vom 19. Juni 1927

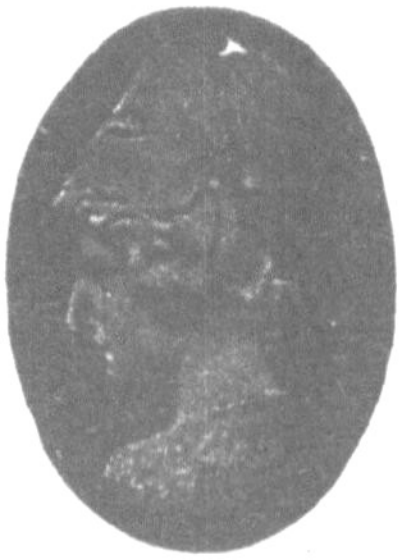

Berlin und Leipzig 192
Walter de Gruyter &
vormals G. J. Göschen'sche Verlagshandlung /
buchhandlung / Georg Reimer / Karl J. Tr

Abbildung der hyperbolischen Ebene auf die Kugel mittels der Beziehung zwischen Lot und Parallelwinkel.

1.

Die Transformationsgleichungen.

Die $\xi\eta$ Ebene gehe durch den Mittelpunkt der Kugel mit dem Radius $\varkappa$, wo $\operatorname{sh}\varkappa = 1$. Die ζ Achse schneidet die Kugel im Nordpol $0'$ und dieser sei der Anfangspunkt des sphärischen Koordinatensystems. Jedem Punkte P der $\xi\eta$ Ebene soll eineindeutig ein Punkt P' der Halbkugel durch folgende Konstruktion zugeordnet werden. Man errichte in P auf der Ebene nach der Seite der positiven ζ (oben) das Lot und ziehe durch den Anfangspunkt 0 des ebenen Koordinatensystems dazu die Parallele. Sie bildet mit der ζ Achse den Winkel r und trifft die Kugel im Punkte P', wobei $0'P' = r$ ist. Hat P von 0 den Abstand ϱ, so sind r und ϱ durch die Gleichung:

$$(1) \qquad \operatorname{ch}\varrho = \frac{1}{\cos r}$$

verbunden, denn r ist das Komplement zum Parallelwinkel von ϱ und wird durch den Bogen auf der Kugel (da $\operatorname{sh}\varkappa = 1$) direkt gemessen. Es sollen überhaupt für alle Strecken, auch für Konstante, die komplementären Parallelwinkel eingeführt werden; es ist also $\Pi(\varrho) = \frac{\pi}{2} - r$. Bedient man sich der WEIERSTRASSschen Koordinaten, so treten die sh-Funktionen auf, sie gehen über in die tg-Funktionen, also diejenigen, welche zu den Achsenkoordinaten gehören. Umgekehrt führen die th-Funktionen der Achsenkoordinaten zu den homogenen sin-Funktionen. Auch die Zusammenhänge mit den Polarkoordinaten transformieren sich entsprechend. In der Ebene ist:

$$(2) \qquad \begin{aligned} \operatorname{th}\xi &= \operatorname{th}\varrho \cdot \cos\varphi \\ \operatorname{sh}\bar{\xi} &= \operatorname{sh}\varrho \cdot \cos\varphi, \end{aligned}$$

wenn mit $\xi\eta$ die Achsenkoordinaten, mit $\bar{\xi}\bar{\eta}$ die WEIERSTRASSschen Lotkoordinaten bezeichnet werden. Nach Einführung der Parallelwinkel in 2 gilt auf der Kugel:

$$\sin\left[\frac{\pi}{2} - \Pi(\xi)\right] = \sin\left[\frac{\pi}{2} - \Pi(\varrho)\right]\cos\varphi \tag{3}$$
$$= \sin r \cdot \cos\varphi$$
$$\operatorname{tg}\left[\frac{\pi}{2} - \Pi(\bar{\xi})\right] = \operatorname{tg} r \cdot \cos\varphi.$$

Die Erklärung ergibt sich aus den Figuren 1 und 2.

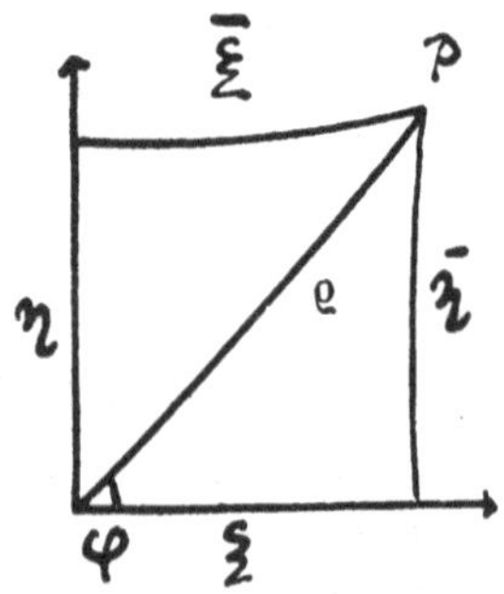

Fig. 1.

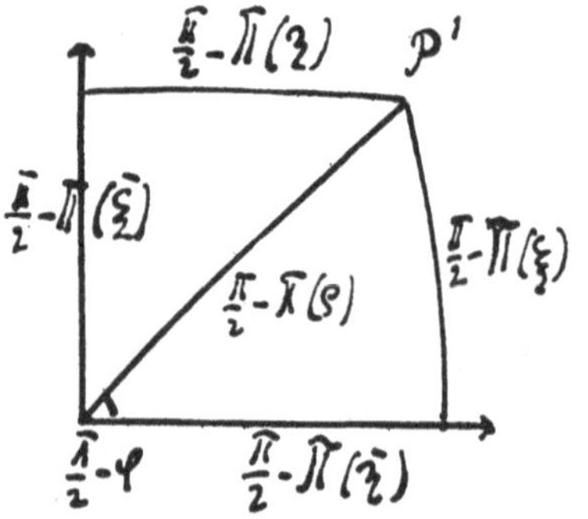

Fig. 2.

Den hyperbolischen Dreiecken der Fig. 1 entsprechen in Fig. 2 sphärische, deren Seiten die Komplemente der Parallelwinkel zu den Seiten der ersteren, deren Winkel die Komplemente der Winkel der ersten sind.[1]) Wenn die Winkel an ihrer Stelle bleiben, so sind die Katheten zu vertauschen. In der Tat lassen sich die Gleichungen 2 aus Fig. 1, die Gleichungen 3 aus Fig. 2 ablesen. Die durch Gleichung 1 gegebene Abbildung ist noch dahin zu ergänzen, daß P′ an der Winkelhalbierenden zu spiegeln ist. Es findet eine Umlegung des Drehungssinnes statt. Dieser Tatsache soll durch die Bezeichnung der Fig. 3 Rechnung getragen werden, x- und y-Achse sind vertauscht.

Bei der Transformation der Ebene durch komplementäre Ordinaten[2]) bilden sich die Geraden durch Zyklen ab, die auf der Koordinatenachse senkrecht stehen, die Transformation ist winkeltreu mit Umkehrung des Drehungssinnes. Will man auch hier die Strecken durch Winkel ersetzen, so bildet sich die Ebene ebenfalls auf eine andere Fläche ab. Denken wir uns die $\xi\eta$ Ebene als doppeltes Blatt, das eine enthalte alle Punkte P, das andere alle Punkte P'. Dann werde das letztere um die ξ Achse um 90° gedreht. Errichtet man jetzt in P und P' Lote auf ihren Ebenen, so sind sie parallel, da η und η' komplementär sind. Sei Q der Schnittpunkt von η und η' auf der ξ Achse, so beschreibe man um Q einen Kreis mit dem Radius $\varkappa$ ($\operatorname{sh}\varkappa = 1$) in der

[1]) Vgl. 'Der reelle Übergang zwischen den beiden nichteuklidischen Geometrien', Sitzungsberichte der Heidelb. Akademie 1926, 10. Abhandlung.

[2]) Liebmann, 'Nichteuklidische Geometrie', de Gruyter, Leipzig, § 11.

Ebene $\eta\,\eta'$, also senkrecht zur Achse. Die Parallele zu η und η' durch Q treffe den Kreis im Punkte P''. Macht man für jeden Punkt dieselbe Konstruktion, so wird die ganze Ebene auf den halben Mantel des Kreiszylinders abgebildet, der die ξ Achse zur Achse hat. Die Punkte P, P' und P'' sind verknüpft durch die Gleichung:

$$\text{(4)} \qquad \operatorname{ch}\eta = \frac{1}{\operatorname{th}\eta'} = \frac{1}{\cos \Pi(\eta')} = \frac{1}{\cos y'}$$

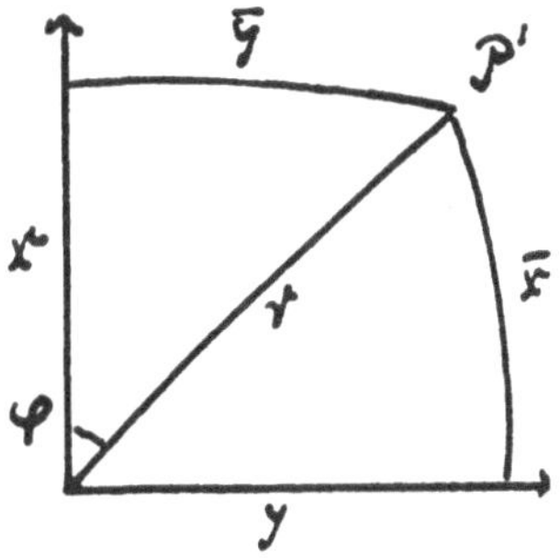

Fig. 3.

Die Abbildung der Ebene auf sich selbst könnte man so modifizieren, daß man nicht komplementäre Ordinaten, sondern komplementäre Radien betrachtet. Führt man für den einen Radius den Parallelwinkel ein, indem man aus der Ebene herausgeht, so ergibt sich die Transformation, von der am Anfang die Rede war, und die den Gegenstand dieser Seiten bilden soll.

Den Figg. 1—3 entnehmen wir die Abbildungsgleichungen. Der Kürze halber sollen die Funktionszeichen fortgelassen werden. Die griechischen Buchstaben beziehen sich auf die Ebene, die lateinischen auf die Kugel. Bei den nicht gestrichenen Größen (Achsenkoordinaten) ist die hyperbolische bzw. die trigonometrische Tangensfunktion hinzusetzen, bei den gestrichenen (Lotkoordinaten) die Sinusfunktion, bei ϱ und r die Kosinusfunktion.

$$\text{I.} \quad \varrho = \frac{1}{r}$$

$$\text{IIa.} \quad \bar{\xi} = x \qquad \qquad \text{IIb.} \quad \bar{x} = \xi$$
$$\bar{\eta} = y \qquad \qquad \bar{y} = \eta$$

Auf jeder der beiden Flächen:

$$\text{IIIa.} \quad \xi = \frac{\bar{\xi}}{\varrho} \qquad \qquad \text{IIIb.} \quad x = \frac{\bar{x}}{r}$$
$$\eta = \frac{\bar{\eta}}{\varrho} \qquad \qquad y = \frac{\bar{y}}{r}$$

Und endlich direkt:

$$\text{IVa.} \quad \bar{\xi} = \frac{\bar{x}}{r} \qquad \qquad \text{IVb.} \quad \bar{x} = \frac{\bar{\xi}}{\varrho}$$
$$\bar{\eta} = \frac{\bar{y}}{r} \qquad \qquad \bar{y} = \frac{\bar{\eta}}{\varrho}$$

Wir werden hauptsächlich die Gleichungen I und IV anwenden.

§ 2.

Die Gerade.

Die Gleichung der Geraden lautet in homogener Form:

$$\bar{\xi} \cos a + \bar{\eta} \sin a - \varrho \operatorname{th} \gamma = 0 \tag{1}$$

nach I und IV:

$$\bar{x} \cos a + \bar{y} \sin a - \sin \left[\frac{\pi}{2} - \Pi(\gamma)\right] = 0 \tag{2}$$

Die sphärische Gleichung ist nicht mehr homogen, sie stellt einen Kreis dar. Sind die Koordinaten des Mittelpunktes $\bar{x}_1\ \bar{y}_1\ r_1$, ist s der Radius, so lautet die Kreisgleichung ausgeschrieben:

$$\sin \bar{x} \sin \bar{x}_1 + \sin \bar{y} \sin \bar{y}_1 + \cos r \cos r_1 = \cos s. \tag{3}$$

Durch Vergleich folgt:

$$\bar{x}_1 = \frac{\pi}{2} - a$$

$$\bar{y}_1 = a$$

$$r_1 = \frac{\pi}{2}$$

$$s = \Pi(\gamma)$$

Die Geraden gehen also alle in Halbkreise über, deren Mittelpunkte auf dem Äquator liegen, d. h. dem Durchschnittskreis von Kugel und Ebene.

Den Senkrechten auf der ξ Achse entsprechen konzentrische Kreise, deren Mittelpunkte im Ende der x Achse (Schnittpunkt der x Achse mit dem Äquator) liegt, der η Achse selbst die y Achse. Gerade durch 0 gehen immer in Kugelgerade durch 0′ über. Dabei ist natürlich immer zu berücksichtigen, daß die ξ Achse durch die y Achse vertreten wird (Fig. 3). Wird die Gerade parallel zur η Achse, so ist $\Pi(\gamma) = \frac{\pi}{2} - a$, also $s = \bar{x}_1$, der Kreis geht durch den Endpunkt der y Achse.

Die Parallele zu beiden Achsen geht auch auf der Kugel durch die Endpunkte der Achsen, denn es ist:

$$\cos a = \sin a = \operatorname{th} \gamma, \text{ also:}$$

$$s = \Pi(\gamma) = \frac{\pi}{4}$$

Es ist bemerkenswert, daß wenn die Gerade durch eine Gerade dargestellt wird, dieser auf der Kugel die Länge π zukommt wie in der elliptischen Geometrie.

Fragen wir umgekehrt: was entspricht der Kugelgeraden in der Ebene, so gehen wir von der Gleichung aus:

(4) $\bar{x} \cos a + \bar{y} \sin a - r \operatorname{tg} c = 0$ nach I und IV.

(5) $\bar{\xi} \cos a + \bar{\eta} \sin a - sh\, \gamma' = 0.$

Dabei ist: $\Pi(\gamma') = \frac{\pi}{2} - \Pi(\gamma) = c.$

Gleichung 5 kann keinen Kreis bedeuten, denn das in der Kreisgleichung vorkommende Glied $\operatorname{ch} \varrho \cdot \operatorname{ch} \varrho_1$ kann nicht Null werden, wie auf der Kugel $\cos r \; \cos r_1$. Unterwerfen wir das Koordinatensystem der Drehung:

$$\bar{\xi} = \bar{\xi}_0 \cos a - \bar{\eta}_0 \sin a$$

$$\bar{\eta} = \bar{\xi}_0 \sin a + \bar{\eta}_0 \cos a,$$

so wird Gleichung 5:

$$\operatorname{sh} \bar{\xi}_0 - \operatorname{sh} \gamma' = 0$$

$$\bar{\xi}_0 = \gamma'.$$

Also eine Abstandslinie. Für $c = 0$ wird auch $\gamma' = 0$; Gerade durch 0' gehen in Übereinstimmung mit der Feststellung oben in Gerade durch 0 über.

Den Koordinaten der Fig. 1 würden in der Ebene der Fig. 2 Kreise um die Endpunkte der Achsen, d. h. Abstandslinien zu den Achsen zuzuordnen sein. Dasselbe gilt von den Koordinaten der Fig. 2, wenn man ihre Bilder in der Ebene der Fig. 1 feststellt.

Die Abbildung ist winkeltreu mit Umlegung des Drehungssinus.

§ 3.

Die Zyklen.

I. Der Kreis.

Die Gleichung des Kreises lautet:

(1) $$\operatorname{ch} \sigma = \operatorname{ch} \varrho \operatorname{ch} \varrho_1 - \operatorname{sh} \bar{\xi} \operatorname{sh} \bar{\xi}_1 - \operatorname{sh} \bar{\eta} \operatorname{sh} \bar{\eta}_1$$

wenn σ der Radius, $\bar{\xi}_1 \, \bar{\eta}_1 \, \varrho_1$ der Mittelpunkt ist.

Transformiert durch I und IV:

(2) $$\bar{x}\bar{x}_1 + \bar{y}\bar{y}_1 + \frac{r r_1}{\cos s} = 1,$$

wobei wieder $s = \frac{\pi}{2} - \Pi(\sigma)$ ist.

Hat ein Kugelkreis den Mittelpunkt $\overline{X}\;\overline{Y}\,R$ und den Radius S, so lautet seine Gleichung:

(3) $$\bar{x}\,\overline{X} + \bar{y}\,\overline{Y} + r\,R = \cos S.$$

Dabei muß sein:

$$\overline{X}^2 + \overline{Y}^2 + R^2 = 1$$

Also ist 2 zu dividieren durch:

$$\sqrt{\bar{x}_1^2 + \bar{y}_1^2 + \frac{r_1^2}{\cos^2 s}} = \frac{\sqrt{1 + \sin^2 s \sin^2 r_1}}{\cos s}$$

Der Radius des Bildkreises wird daher:

$$\cos S = \frac{\cos s}{\sqrt{1 - \sin^2 s \sin^2 r_1}} \tag{4}$$

Und der Abstand von $0'$:

$$\cos R = \frac{\cos r_1}{\sqrt{1 - \sin^2 s \cdot \sin^2 r_1}} \tag{5}$$

Also

$$\sin R = \frac{\sin r_1 \cos s}{\sqrt{1 - \sin^2 s \sin^2 r_1}}$$

und daher:

$$\begin{gathered} \sin R < \cos S \\ R + S < \frac{\pi}{2} \end{gathered} \tag{6}$$

Der Bildkreis eines Kreises trifft deu Aquator nicht. Die Größen R und S lassen sich leicht konstruieren. Wenn man die Gleichungen 4 und 5 etwas umformt, so folgt:

$$\operatorname{tg} S = \cos r_1 \cdot \operatorname{tg} s \tag{7}$$

$$\operatorname{tg} R = \cos s \cdot \operatorname{tg} r_1 \tag{8}$$

Die komplementären Parallelwinkel vom Radius und vom Mittelpunktsabstand eines ebenen Kreises seien Hypotenuse und Winkel eines rechtwinkligen sphärischen Dreiecks, dann ist die anliegende Kathete Radius oder Mittelpunktsabstand des Bildkreises, je nachdem der Radius oder der Abstand des Mittelpunktes Hypotenuse ist.

In ähnlicher Weise hätte sich auch ein hyperbolisches Dreieck zur Konstruktion benutzen lassen.

II. Abstandslinie.

Wird der Fußpunkt des Lotes von 0 auf die Nullinie durch Polarkoordinaten ausgedrückt, so lautet die Gleichung der Abstandslinie:

$$\operatorname{sh} \sigma = \operatorname{ch} \varrho \cdot \operatorname{sh} \varrho_1 - \operatorname{sh} \bar{\xi} \operatorname{ch} \varrho_1 \cos \alpha - \operatorname{sh} \bar{\eta} \operatorname{sh} \varrho_1 \sin \alpha \tag{9}$$

Alles durch komplementäre Winkel ausgedrückt:

$$\cos r \cos r_1 \operatorname{tg} s = \sin r_1 - \sin \bar{x} \cos a - \sin \bar{y} \sin a \tag{10}$$

Durch Vergleich folgt wieder:

$$\cos S = \frac{\sin r_1}{\sqrt{1 + \cos^2 r_1 \operatorname{tg}^2 s}} \tag{11}$$

$$\cos R = \frac{\cos r_1 \operatorname{tg} s}{\sqrt{1 + \cos^2 r_1 \operatorname{tg}^2 s}}. \tag{12}$$ Wie oben folgt

$$R + S > \frac{\pi}{2} \tag{13}$$

Der Bildkreis einer Abstandslinie trifft stets den Äquator.

Ist $r_1 = 0$, so folgt aus 11, $S = \frac{\pi}{2}$, d. h. in Übereinstimmung mit dem früheren: Abstandslinien zu den Achsen gehen in größte Kreise über. Die Umformung von 11 und 12 ergibt wie oben:

$$\operatorname{tg} S = \frac{1}{\cos s \cdot \operatorname{tg} r_1} \tag{14}$$

$$\operatorname{tg} R = \frac{1}{\cos r_1 \operatorname{tg} s} \tag{15}$$

Bezeichnen wir die beiden Konstanten der Abstandslinie mit R_1 und S_1, so folgt durch Vergleich mit 7 und 8:

$$S + R_1 = R + S_1 = \frac{\pi}{2} \tag{16}$$ oder auch:

$$\operatorname{tg} R \cdot \operatorname{tg} S_1 = \operatorname{tg} S \cdot \operatorname{tg} R_1 = 1. \tag{17}$$

Kreis und Abstandslinie mit denselben Konstanten haben als Bildkurven Kreise, und der Radius des einen ergänzt den Mittelpunktsabstand des anderen zu $\frac{\pi}{2}$.

Berühren sich die ursprünglichen Kurven (gleiche a), so berühren sich auch die Bildkurven.

Zur Bestätigung möge aus 7 und 8 der kürzeste Abstand der sich berührenden Kreise berechnet werden.

Für die Ebene ist $\varrho_1 - \sigma = \gamma$. Es ist:

$$\operatorname{tg}(R - S) = \frac{\operatorname{tg} R \cdot \operatorname{tg} S}{1 + \operatorname{tg} R \cdot \operatorname{tg} S} = \frac{\cos s \cdot \operatorname{tg} r_1 - \operatorname{tg} s \cdot \cos r_1}{1 + \cos s \cos r_1 \operatorname{tg} s \operatorname{tg} r_1} =$$

$$\frac{\frac{\operatorname{sh} \varrho_1}{\operatorname{ch} \sigma} - \frac{\operatorname{sh} \sigma}{\operatorname{ch} \varrho_1}}{1 + \frac{\operatorname{sh} \varrho_1 \operatorname{sh} \sigma}{\operatorname{ch} \sigma \cdot \operatorname{ch} \varrho_1}} = \frac{1}{2} \frac{\operatorname{sh} 2\varrho_1 - \operatorname{sh} 2\sigma}{\operatorname{ch}(\varrho_1 + \sigma)} = \operatorname{sh}(\varrho_1 - \sigma)$$

$$R - S = \frac{\pi}{2} - \Pi(\varrho_1 - \sigma) = \frac{\pi}{2} - \Pi(\gamma)$$

Für die Abstandslinie ist aber:

$$R_1 - S_1 = R - S.$$

III. Grenzkreis.

Die Gleichung des Grenzkreises leiten wir für unsere Zwecke am besten aus der Kreisgleichung ab. Da der Radius unendlich wird, muß eine andere Konstante eingeführt werden. Der durch den Anfangspunkt gehende Durchmesser bilde mit der ξ Achse den Winkel a, das Stück von 0 bis zum Bogen sei γ. Für den Kreis ist:

$$\varrho_1 = \gamma + \sigma$$

Also wird Gleichung 1:

$$\frac{\operatorname{ch}\sigma}{\operatorname{ch}\varrho \cdot \operatorname{ch}\varrho_1} = 1 - \operatorname{th}\xi \operatorname{th}\xi_1 - \operatorname{th}\eta \cdot \operatorname{th}\eta_1 \text{ oder in Polarkoordinaten:}$$

$$= 1 - \operatorname{th}\xi \cdot \operatorname{th}\varrho_1 \cos a - \operatorname{th}\eta \cdot \operatorname{th}\varrho_1 \sin a$$

Die linke Seite wird für $\sigma = \infty$:

$$\lim_{\sigma=\infty} \frac{\operatorname{ch}\sigma}{\operatorname{ch}\varrho \operatorname{ch}(\sigma+\gamma)} = \frac{1}{\operatorname{ch}\varrho \cdot e^{\gamma}}$$

Also wird der Grenzkreis nach den Transformationsgleichungen IIIa:

$$(18) \qquad e^{-\gamma} = \operatorname{ch}\varrho - \operatorname{sh}\bar{\xi} \cos a - \operatorname{sh}\bar{\eta} \sin a, \text{ denn } \operatorname{th}\varrho_1 = 1$$

$$e^{-\gamma} = \operatorname{ch}\gamma - \operatorname{sh}\gamma = \frac{1}{\cos c} - \operatorname{tg} c = \sqrt{\frac{1-\sin c}{1+\sin c}}$$

Also nach IV.

$$(19) \qquad \cos r \sqrt{\frac{1-\sin c}{1+\sin c}} + \sin \bar{x} \cos a + \sin \bar{y} \sin a = 1$$

Durch Vergleichung mit dem Kreis folgt wieder:

$$(20) \qquad \cos S = \sqrt{\frac{1+\sin c}{2}}$$

$$(21) \qquad \cos R = \sqrt{\frac{1-\sin c}{2}}$$

$$(22) \qquad R + S = \frac{\pi}{2}$$

Der Bildkreis eines Grenzkreises berührt stets den Äquator. Ferner folgt aus 20 und 21:

$$(23) \qquad S + \frac{c}{2} = \frac{\pi}{4}, \qquad R - \frac{c}{2} = \frac{\pi}{4}$$

Geht der Grenzkreis durch 0, so ist $R = S = \frac{\pi}{4}$

Es folgt also als Resultat:

Durch die Transformation der Ebene auf die Kugel mittels komplementärer Parallelwinkel werden Geraden und Zyklen durch Kreise abgebildet.

Das ist erklärlich, denn die Gerade ist eine Abstandslinie mit dem Abstand 0.

Denken wir uns auf der Kugel den zum Punkte γ der Ebene gehörigen Punkt $\frac{\pi}{2} - \Pi(\gamma) = c$, er heiße P'. Dann sollen die Kreise betrachtet werden, die durch P' gehen und deren Mittelpunkte auf $0' P'$ bis zum Äquator wandern. Der Punkt P' selbst ist ein Kreis mit dem Radius 0; an ihn schließen sich die Kreise, die den Äquator nicht erreichen; ihnen entsprechen Kreise der Ebene. Wird der Radius gleich $\frac{1}{2}\left(\frac{\pi}{2} - c\right)$, so berührt der Kreis den Äquator, ihm entspricht der Grenzkreis durch P. Wird der Radius noch größer, so schneiden die Kreise den Äquator, ihnen entsprechen Abstandslinien, deren Nullinien senkrecht zu $0\,P$ an den Punkt P heranrücken. Wird der Radius gleich $\frac{\pi}{2} - c$, liegt also der Mittelpunkt auf dem Äquator, so hat in der Ebene die Nullinie den Punkt P erreicht, die Abstandslinie ist zur Geraden geworden, die mit der Nullinie zusammenfällt. Wird der Abstand negativ, so beginnt der Mittelpunkt des Bildkreises dieselbe Wanderung vom diametral gelegenen Punkt des Äquators in umgekehrter Richtung.

Betrachten wir Punkt, Kreis, Grenzkreis, Abstandslinie, Gerade als Kreise, so hätten wir ihnen der Reihe nach die Radien zuzuordnen: $0, \sigma, \infty, i\sigma, i0$. Zwischen den Bildkurven der Kreise σ und $i\sigma$ (Abstandslinie) bestehen die Beziehungen, die aus dem Satz von § 3^{II} hervorgehen.

Teilen wir die Kurven ein in solche mit reellem Radius (Punkt, Kreis) und solche mit imaginärem Radius (Abstandslinie, Gerade) mit dem Grenzfall $\sigma = \infty$, so tritt der Zusammenhang am deutlichsten hervor, wenn sie alle durch 0 gehen. Dann lautet nämlich Gleichung 16:

(24) $$S + S_1 = \frac{\pi}{2}$$ und es folgt der Satz:

Die Radien zweier durch $0'$ gehender Bildkreise ergänzen sich zu $\frac{\pi}{2}$, wenn von den Radien der entsprechenden ebenen Kreise der eine imaginär, der andere reell ist und beide absolut genommen gleich sind. Der Radius kann dem Betrage nach alle Werte von 0 bis ∞ durchlaufen.

Auf der Kugel sind Punkt und Gerade als Grenzfälle derselben Kurve, des Kreises zu betrachten; jedes dieser eindimensionalen Gebilde hat daher dieselbe Maßbestimmung, in den trigonometrischen Formeln herrscht volle Dualität, wenn man zweckmäßig bezeichnet. Anders in der hyperbolischen Ebene, hier sind Gerade und Kreis Grenzfälle verschiedener Kurven, der Abstandslinie und des Kreises. Will man sie kontinuierlich auseinander herleiten, so muß man über das Unendliche hinweg zum Imaginären seine Zuflucht nehmen. Beide Gebilde, Punkt und Gerade haben daher verschiedene Maßbestimmung. Die Dualität in den Formeln kann nicht bestehen bleiben, sie fordern heißt die sphärisch-elliptische Geometrie postulieren (imaginärer Übergang).

§ 4.

Vergleich mit der gnomonischen Abbildung.

Durch die angegebene Transformation bildet sich die ganze Ebene eineindeutig auf die Halbkugel ab. Im Wesen der Transformation liegt es jedoch, die auf beiden Seiten belegte Ebene der Vollkugel zuzuordnen. Genau so wie die Kugel mit dem Radius $\varkappa$ ($\operatorname{sh}\varkappa = 1$) ein Spezialfall der Kugeln mit dem Radius $\varkappa$ ($\varkappa$ beliebig) ist, kann die Ebene als Spezialfall $\varkappa$ ($\operatorname{ch}\varkappa = 1$) der Abstandsflächen mit den beliebigen Abständen $\varkappa$ aufgefaßt werden. Sei die Ebene die Nullebene zu den beiden Abstandsflächen $\pm\varkappa$, so kann man statt der Fußpunkte der Lote auf der Ebene die Schnittpunkte dieser Lote mit den beiden Abstandsflächen als zugeordnete Punkte der oberen und unteren Halbkugelpunkte betrachten. Wird $\operatorname{ch}\varkappa = 1$, also $\varkappa = 0$, so hätte man sich die Ebene mit doppelter Belegung vorzustellen. Faßt man aber die Ebene als schlichte Fläche, so hätte man ihr das Vollstrahlenbüschel eindeutig zuzuordnen und Kugel und Ebene eineindeutig aufeinander zu beziehen. Die beiden Möglichkeiten verhalten sich zueinander wie die sphärische und die elliptische Raumform.

Die gnomonische Abbildung unterscheidet sich von der durch die Parallelwinkelstrahlen vermittelten vor allem dadurch, daß die Ebene nur auf einen Teil der Kugel abgebildet wird, der von der Größe des Radius abhängt. Der Öffnungswinkel der projizierenden Strahlen ist:

$$\Phi = 2\,\Pi(\varkappa) \tag{1}$$

wenn $\varkappa$ der Radius der Kugel ist.

Es ist für $\varkappa = 0$ $\Phi = \pi$, für $\varkappa = \infty$ $\Phi = 0$.

Trotzdem hat für $\varkappa = \infty$ der dazugehörige Grenzkugelkreis den endlichen Radius 1, denn es ist derjenige Grenzkreisbogen, bei dem die Achse in dem einen Endpunkt parallel ist zur Tangente im anderen

(Mittelpunkt 0′ im Unendlichen). Die Abbildungsformeln lauten allgemein:

$$\text{tg}\,\frac{x}{\text{sh}\,\varkappa} = \frac{\text{th}\,\xi}{\text{sh}\,\varkappa} \quad \text{ebenso für } y. \tag{2}$$

Von besonderem Interesse ist wieder der Wert $\text{sh}\,\varkappa = 1$. Die Gleichungen lauten dann:

$$\begin{aligned} \text{tg}\,x &= \text{th}\,\xi \\ \text{tg}\,y &= \text{th}\,\eta \end{aligned} \tag{3}$$

Dieselben Beziehungen bestehen für alle von 0 bzw. von 0′ ausgehenden Strecken, denn es ist:

$$\text{tg}^2 r = \text{tg}^2 x + \text{tg}^2 y = \text{th}^2 \xi + \text{th}^2 \eta = \text{th}^2 \varrho, \text{ folglich:} \tag{4}$$

$$\cos r = \frac{\text{ch}\,\varrho}{\sqrt{\text{ch}^2 \varrho + \text{sh}^2 \varrho}} \qquad \sin r = \frac{\text{sh}\,\varrho}{\sqrt{\text{ch}^2 \varrho + \text{sh}^2 \varrho}} \tag{5}$$

Wird dagegen in Gleichung 2 $\text{sh}\,\varkappa = i$ gesetzt, so läßt sich dadurch der imaginäre Zusammenhang zwischen beiden Geometrien verstehen, denn Gleichung 2 verknüpft die Kugel mit der Ebene, und setzt man $\text{sh}\,\varkappa = i$, so wird die Beziehung identisch, d. h. die Kugel wird zur hyperbolischen Ebene. Ist $\text{sh}\,\varkappa$ nicht direkt gleich i, sondern nur proportional zu i, so entsteht statt der Ebene eine Abstandsfläche.

Wird der Kugelradius unendlich, so wird durch die erste Transformation die hyperbolische Ebene der halben Grenzkugel zugeordnet. Der Übergang zeigt, daß der Unterschied zwischen den gestrichenen und nichtgestrichenen Größen verschwindet und von den betrachteten Kurven Gerade, Abstandslinie, Grenzkreis zusammenfallen, wenn sie auf einer Geraden in demselben Punkte senkrecht stehen.

FSC
www.fsc.org
MIX
Papier | Fördert
gute Waldnutzung
FSC® C083411

Kolibri 360 GmbH
Ferdinand-Jühlke-Straße 7
99095 Erfurt, Deutschland
produktsicherheit@kolibri360.de